欣梦享
ENJOY LIVING

公主请听劝

飞扬文室 著

江苏凤凰文艺出版社

图书在版编目（CIP）数据

公主请听劝 / 飞扬文室著. -- 南京：江苏凤凰文艺出版社, 2024.7. -- ISBN 978-7-5594-8738-4

Ⅰ. B848.4-49

中国国家版本馆CIP数据核字第2024EE3186号

公主请听劝

飞扬文室 著

责任编辑	王昕宁
特约编辑	马春雪
装帧设计	木南君
责任印制	杨　丹
特约监制	杨　琴
出版发行	江苏凤凰文艺出版社
	南京市中央路165号，邮编：210009
网　　址	http://www.jswenyi.com
印　　刷	三河市兴博印务有限公司
开　　本	787毫米×1092毫米 1/32
印　　张	7
字　　数	100千字
版　　次	2024年7月第1版
印　　次	2024年7月第1次印刷
书　　号	ISBN 978-7-5594-8738-4
定　　价	55.00元

江苏凤凰文艺版图书凡印刷、装订错误，可向出版社调换，联系电话 025-83280257

Q
要怎么做才能成为公主?

A
首先你得相信自己就是一个公主。

请抬起你的头,我的公主,不然皇冠会掉下来。

⊙《罗马假日》

目录
CONTENTS

第一劝　不要背上不必要的包袱

PART 1　无论怎么努力都比不上别人 / 4

PART 2　什么都想做最好，又什么都做不好 / 12

PART 3　总把自己放在被挑选的位置 / 20

PART 4　一个人生活真的好孤独 / 28

第二劝　活在缘分里，而非关系里

PART 1　道理都懂，但就是接受不了彼此走散 / 40

PART 2　没有朋友，也不知道该怎么交朋友 / 48

PART 3　不想再做情绪垃圾桶了 / 56

PART 4　讨人厌的关心令人窒息 / 62

第三劝　不要放大上班的痛苦

PART 1　所有时间都被工作占据，根本不敢休息 / 72

PART 2　事业到了瓶颈期，害怕下一秒就被淘汰 / 80

PART 3　喜欢的工作不赚钱，赚钱的工作不喜欢 / 88

PART 4　想要更上一层，却不知如何行动 / 96

第四劝　累了就歇，不要逞强

PART 1　活得好累，感觉每天都在渡劫 / 108

PART 2　不知道自己想要过怎样的人生 / 116

PART 3　想要改变，又害怕改变 / 124

PART 4　被正式确诊为"脆皮青年"了 / 132

第五劝　不要妖魔化爱情

PART 1　原来相爱的人也会日久生厌 / 144

PART 2　分手后该怎么走出来 / 152

PART 3　害怕和别人建立亲密关系 / 160

PART 4　甜甜的恋爱什么时候轮到我 / 168

第六劝　生而为女,你当自由

PART 1　女性是情绪化动物 / 180

PART 2　女孩子读那么多书没有用 / 188

PART 3　女生谈钱就是物质和虚荣 / 196

PART 4　不结婚生子人生就不完整 / 204

致亲爱的公主：

太阳底下没有新鲜事，
古人并不古，
老人也并不老，
我们正在经历的一切，
焦虑与迷茫、疲惫和憋屈、升职与加薪、男欢与女爱，
他们全都经历过。
所以有句老话：
"不听老人言，吃亏在眼前。"
那些历经岁月沉淀流传下来的经验智慧，
真的能让我们少掉一些坑，
少走一些弯路，
甚至让我们本想要的"躺平"变成"躺赢"。
于是，
这本可以为所有女孩答疑解惑的行动指南就此诞生。

全书精选二十四个人人都会遇到的困惑时刻,
从俗语箴言、古文诗句,到名家妙语、经典台词,
悉心择取、精辟实用,
助力每个女孩脱离困境、重掌快乐,
放开身体,打开欲望,
去尝试万般新鲜事,
去学习新技能,结交新朋友,
去尽情享受生活的每一分钟。

亲爱的,
不要看见别人发光,就觉得自己黯淡,
要知道,你可是公主啊!
尽情昂着头,别让皇冠落下,
再泥泞的土地,
也会在你的脚下长出繁花。

―――― 来日并不方长,你的人生必须滚烫。

第一劝

不要背上不必要的包袱

每个人自出生起，就会被动接受许多理念、任务，
时间一久，
就以为这是必须做的，是自己想要的。
于是，你选择默认，并且服从，
努力成为别人眼中最好的样子，
追逐着自己不想要的光环和成就，
哪怕，你并不舒服。

你真的喜欢这样的自己吗？
你本是那么有趣的人，为什么要活在别人的期待里？

去学习李太白"天生我材必有用"的自信桀骜，
去坚持刘克庄"疏又何妨，狂又何妨"的依然故我，
去爱惜自己的身体，接纳自己的灵魂，
去尽情燃烧生命里的篝火，过不被他人所干扰的人生。
"举头天外望，无我这般人！"
即使无法成为聚光灯下万众瞩目的主角，
也不妨碍你仰起头，
于人群之外，走向真正的自我。

我可是公主啊!

PART 1

无论怎么努力
都比不上别人

家世：普通

性格：普通

工作：普通

长相：普通

特长：无

以前总觉得自己与众不同，
一定能轻轻松松走向人生巅峰。
后来才发现，
全球人口几十亿，
自己是放在人群里瞬间就会被淹没的 NPC。

普通样貌，普通家世，普通性格，
没什么特别的爱好，
没什么拿得出手的才艺，
连运动都是跑两步就喘。

拼尽全力工作生活，
小心顺从社会规则，
却还是抵不过他人万一，
甚至只是维持普通人的生活
就已经身心俱疲。

不上不下的人生，到底该何去何从？

做个闪闪发光的普通人。

听听老人言

♛ 天不生无用之人,地不长无名之草。
(存在即合理,不要妄自菲薄。)

♛ 伟大的灵魂,常囿于平凡的躯体。
(即便生而平凡,也永远不要气馁。平凡自有平凡的美,何况历史上的许多精彩华章,都是由平凡之人书写而成。向着阳光一路播撒梦想的种子,总有一天它们会开出非凡的花儿来。)

♛ 你需要经常在口袋里装上两张纸条,
一张上面写着:我只是一粒尘埃;
另一张上面则写着:世界为我而造。
(在苍茫宇宙中,在历史长河里,每个人都只是沧海一粟,渺小如尘,但人生短短几十载光阴,每个人又都是独一无二、不可替代的。无论伟大或平凡,我们总要尽力而为,尽情创造属于自己的辉煌。)

- 牡丹花好空入目,枣花虽小结实多。
  (再渺小的存在也有自己的价值。)

- 卒子过河能吃车马炮。
  (不要小看自己,即便是无名小卒,也有大杀四方的时候。)

- 秤砣虽小压千斤。
  (虽然外表不引人注目,实际上作用大得很。)

- 不怕百事不利,就怕灰心丧气。
  (永远不要失去不断向前的信心和勇气。)

- 没有金刚钻,别揽瓷器活。
  (接受任何任务前,都要先考虑好自己是否有能力去完成。)

- 谋事在人,成事在天。
  (凡事尽力而为就好,任何事情都要受到客观条件的影响。)

♛ 虽不能至,然心向往之。
　◉ 司马迁
　(即便有不能到达的地方,也不要放弃心中的向往。)

三百六十行,
　行行出状元。

读读大师的智慧

- 你微小,但并不渺小。
  - 泰戈尔

- 坚定的信心,能使平凡的人们,做出惊人的事业。对凌驾于命运之上的人来说,信心就是生命的主宰。
  - 海伦·凯勒

- 少说些漂亮话,多做些平凡事。
  - 列宁

- 没有单纯、善良和真实,就没有伟大。
  - 列夫·托尔斯泰

- 只有平凡的人生才是真正的人生!
  实际上只有远离矫饰或特异的地方,才真实!
  - 费狄拉

♛ 生命在闪耀中现出绚烂，在平凡中现出真实。
  ◉ 埃德蒙·伯克

♛ 我用尽了全力，过着平凡的一生。
  ◉ 毛姆《月亮与六便士》

♛ 对于平凡人来说，平凡就是幸福。
  ◉ 尼采

♛ 不要光赞美高耸的山峰，平原和丘陵也一样不朽。
  ◉ 菲·贝利

♛ 把现在正在做的事做好，就对永恒有了交代。
  ◉ 拉瓦特

♛ 完成伟大事业的人，起初并不伟大。
  ◉ 爱默生

♛ 最明晰的风格是由普通语言形成的。
  ◉ 亚里士多德

PART 2

什么都想做最好，
又什么都做不好

十几岁时,
上台回答问题总会磕磕绊绊,
因为害怕丢脸,
错过了许多锻炼的机会。

二十几岁,
每一项工作都想尽善尽美,
结果累得够呛还总是事与愿违,
被挫败感反复折磨。

三十几岁,
遇到了还不错的人,
却总觉得对方可以做到更好,
最终连相处都变得很累。

**想要追求更完美的人生,
却发现失去远比得到更多。**

请兴致勃勃地去失败。

听听老人言

- 人非圣贤，孰能无过。
  （没有人是完美的，即便是圣人也会有犯错的时候。因为每一个人都有自己的局限性，谁也不能保证自己永远都是成功者。有了错误并不可怕，学会正视错误，以豁达的心态从容处之，才能在工作学习上有所进步。）

- 尽人事，听天命。
  （万事存在太多的变化和未知，没有人能完全把控一切。凡事只要拼尽全力、无愧于心就好，其他的就交给命运，而后坦然接受一切结果，不用执着于百分百的成功。）

- 东方不亮西方亮。
  （人生在世，不必害怕失败。在某个方面有所欠缺，只能说明你的优势在别处，只要愿意尝试，总能找到属于自己的闪光之处。）

♛ 人生不如意十之八九。

(不完美和挫折存在普遍性,不必惊慌,勇敢面对就好。)

♛ 世事本无完美,人生当有不足。

(不完美是客观存在,无须怨天尤人。)

♛ 金无足赤,人无完人。

(不能要求一个人没有一点缺点,不犯一丝错误,那是不现实的。)

♛ 月满则亏,水满则溢,人满则骄。

(做人做事总要给自己留一些犯错的余地,保持谦逊的态度。)

♛ 黄金有疵,白玉有瑕。

⊙《史记》

(再纯的黄金也含有杂质,再好的玉也有瑕疵,事物都不可能完美无缺。)

♛ 物忌全胜,事忌全美,人忌全盛。

　◉《格言联璧》

　(盛极必衰是自然界的普遍规律,完美有时也不是什么好事。)

♛ 天地尚无停息,日月且有盈亏,况区区人世,能事事圆满而时时暇逸乎?

　◉《菜根谭》

　(天地万物都有残缺,更何况渺小如你我?)

读读大师的智慧

- 有缺点的战士终竟是战士,
  完美的苍蝇也终竟不过是苍蝇。
  - 鲁迅《华盖集》

- 如果你对一切错误关上了门,
  那么真理也将被拒之门外。
  - 泰戈尔

- 人性一个最特别的弱点就是:在意别人如何看待自己。
  - 叔本华

- 完美是有点乏味的。
  这并非是生活中最微不足道的小小讽刺;
  我们最好还是不要真正达到完美,
  虽然那是人人追求的目标。
  - 毛姆

♛ 万物皆有裂痕，那是光照进来的地方。

　◉《歌颂》

♛ 获得幸福并不意味着一切都完美了，

　它只意味着你决定不再在意那些不完美的事。

　◉ 亚里士多德

♛ 我爱着自己失落的存在，

　我不完美的本质，

　我白银的敲击和我永恒的失去。

　◉ 聂鲁达《奏鸣曲与毁灭》

PART 3

总把自己放在
被挑选的位置

是哪一瞬间突然发现,
自己总是优先考虑别人的感受的?
是明明受了委屈,
却习惯性主动道歉求和的时候;

是明明意见相左,
却迎合着别人,不敢表达真实想法的时候;
是计划一起旅行,
却总是优先朋友,放弃自己的目的地的时候;

是即使忙到起飞,
也不敢向别人求助,害怕被讨厌的时候;
是明明意识到了不对劲,
却还是一如既往,选择做个滥好人的时候……

**改不掉的讨好型人格,
让自己活得疲惫又虚伪。**

生活，是**取悦自己**的过程。

听听老人言

♛ 上赶着不是买卖。

（在人际关系中，过于主动或总是讨好他人，不仅无法得到他人的尊重，还会降低自己的价值和魅力，让对方不愿意珍惜。）

♛ 捡了芝麻，丢了西瓜。

（心存良善，愿意听取他人建议固然很好，却不能忘了什么才是最重要的，为了迎合他人而舍弃自我是得不偿失的。比起满足他人的期待，倾听自己内心的声音更加紧要。）

♛ 出力不讨好。

（在需要互相协作的工作关系中，不要一味地锦上添花或者擅自作为，明确工作分工，尊重他人，注重工作协调，即使是提供帮助，也要寻找合适的时机，否则不仅白费功夫，还可能带来不好的影响。）

♛ 该摇头时别点头。
　（要学会说"不"！）

♛ 打开天窗说亮话。
　（无须规避闪躲，想要什么、不要什么，堂堂正正表达出来，不必为了他人而掩藏自己的内心。）

♛ 人善被人欺，马善被人骑。
　（一个人要有一些锋芒，才能在遇到事情的时候拥有斗争的勇气，更好地保护自己。太过善良的人容易被欺辱看轻。）

♛ 斧头会忘记自己做过的事，
　但是被砍伐的树永远不会。
　（伤害一旦造成，影响是长久的。要学会保护自己。）

♛ 人不为己，天诛地灭。
　（每个人都应为自己而活，要更加重视自己的需求，自尊自爱。）

♛ 我的地盘我做主。

　（按自己的意愿去生活。）

♛ 赔了夫人又折兵。

　（放低自己讨好别人，有时既委屈了自己，又无法得到他人的认同。）

读读大师的智慧

- 不用辛苦地活在别人的期待里,
  所谓的自由,就是被别人讨厌。
  有人讨厌你,正是你行使自由,
  依照自己的生活方针过日子的标记。
  ◉ 阿德勒《被讨厌的勇气》

- 要自爱,不要把你全身心的爱、灵魂和力量,
  作为礼物慷慨给予,
  浪费在不需要和受轻视的地方。
  ◉ 夏洛蒂·勃朗特《简·爱》

- 勉强应允不如坦诚拒绝。
  ◉ 雨果《悲惨世界》

- 想要快乐,我们一定不能太关注别人。
  ◉ 加缪

♛ 爱自己，是终身浪漫的开始。
  ◉ 王尔德

♛ 不必匆忙，不必火花四射，
  不必成为别人，只需要做自己。
  ◉ 伍尔夫

♛ 你要搞清楚自己人生的剧本，
  不是你父母的续集，
  不是你子女的前传，
  更不是你朋友的外篇。
  ◉ 尼采

♛ 纵使被说坏话、被讨厌，也没什么好在意的，
  因为"对方如何看你"，那是对方的课题。
  ◉ 阿德勒

♛ 友谊既不需要奴隶，
  也不允许有统治者，
  友谊喜欢平等。
  ◉ 冈察洛夫《悬崖》

PART 4

一个人生活
真的好孤独

一个人醒来、吃饭、上班，
然后在深夜回到一个人的小小房间，
不爱看综艺节目，却还是打开视频，
任屏幕里的嬉闹声填满整个屋子，
偶尔跟着大笑，都觉得太过突兀。

周末看了一部电影，
被故事情节打动，想和他人分享，
点开聊天对话框，写了一大段文字，
最后，还是选择删除。

有人邀约也不去，
蒙头睡了一个下午，
醒来的时候，
天是暗的，房间里很静，手机上一片空白。

那一刻，感觉被全世界抛弃。

孤独的**反面，**是自由。

听听老人言

♛ 独宿生精,独处生智。
(适当的独处,远离一切可能会扰乱你思绪的事物,往往能够让你更好地集中精力,专一地面对自己。这也是积蓄力量的一种方法。)

♛ 千金易得,知己难求。
(世界上的每个人都是独立于外而存在的,你很难找到一个可以与自己完全心意想通的人。孤独是常态,不必刻意放大情绪,让自己变得消极。)

♛ 天行健,君子以自强不息;
地势坤,君子以厚德载物。
(即便身处孤独,我们仍应坚定信念,明确自己的内心,勇于承担责任,不停止自我奋斗的脚步,努力让自己成为一个有所作为的人。)

♛ 独行不愧影,独寝不愧衾。

(即便独自一人,只要不愧于心,同样可以享受到内心的安宁。)

♛ 君子慎其独。
  ⊙《礼记》
  (脱离了他人的视线独自相处时,也应当始终保持自我,不放任自流。)

♛ 飘飘何所似,天地一沙鸥。
  ⊙ 杜甫《旅夜书怀》
  (世界之大,每个人都独立于天地间。)

♛ 举杯邀明月,对影成三人。
  ⊙ 李白《月下独酌》
  (在孤独中找到生活的乐趣。)

♛ 聊复浮生,得此须臾我。
  乾坤大,霜林独坐,红叶纷纷堕。
  ⊙ 王国维《点绛唇·厚地高天》
  (独自一人时,才短暂地获得了真正的自我。)

♛ 横看成岭侧成峰，远近高低各不同。
  ◉ 苏轼《题西林壁》
  （人之所以孤独，有时并非因为独身一人，而是即使身在人群，也没有与之同频的人。）

与谁同坐。
　明月清风我。

读读大师的智慧

♛ 一生负气成今日，四海无人对夕阳。
  ◉ 陈寅恪《忆故居》

♛ 孤独是美好的，
  但你也需要有人告诉你孤独是美好的。
  ◉ 巴尔扎克

♛ 一个人只有在孤独时才能成为自己，
  因为只有当他孤独时，他才是真正自由的。
  没有相当数量的孤独，就不可能有心灵的平静。
  ◉ 叔本华

♛ 学会忍受寂寞，因为寂寞是创造的伴侣。
  愿意承担孤独，才能遇见真正的伙伴。
  ◉ 尼采

♛ 人生而孤独。
每个人都与众不同并且孤立无援,
就像一座孤岛想要与外界取得联系的话就必须从瞭望台发射信号;
这些信号大多是没有任何共通意义的,
每个信号都独立又模糊,
时而存在时而消失,相当不稳定。
◉ 毛姆《月亮和六便士》

♛ 上帝借由各种途径使人变得孤独,
好让我们可以走向自己。
◉ 黑塞

♛ 不是孤独自处时,我们只是百分之一的自己。
◉ 托尔斯泰

♛ 一个人没有朋友固然寂寞,
但如果忙得没有机会面对自己,可能更加孤独。
◉ 罗兹

—— 要肩并肩，一起成为更厉害的大人。

第二劝

活在缘分里,而非关系里

人这一生，会遇到很多人，

或"高山流水觅知音"，或"相逢何必曾相识"。

不一定时刻联系，却能彼此惦记；

不一定形影不离，却会惺惺相惜；

不一定要一起做很多事，拥有很多回忆，

就算只是聊聊天，都觉得惬意。

有时，也难免失望。

说不出究竟是哪里变了，

只是走着走着，便被人世洪流冲散。

不必遗憾！

知交零落实是人生常态。

人生这趟列车，有人离开，也总有人会赶来，

要求某个人一直留在身边，原就是不礼貌的。

"莫恨明朝又离索，人生何处不匆匆。"

同路时热烈坚定，

成为彼此够得着的力量，

到了分别的时候，

再不舍，也要心存感激，然后挥手告别。

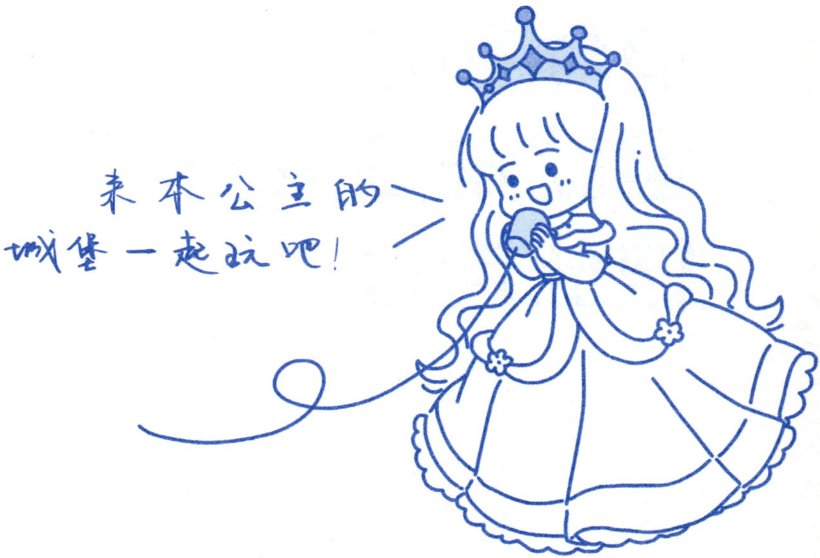
来本公主的
城堡一起玩吧！

PART 1

道理都懂，
但就是接受不了
彼此走散

我们曾是最要好的朋友，
每天一起上课、八卦、分享快乐，
也曾盖着同一床被子，讲过无数少女心事。

后来，我们有了各自不同的生活——
她继续读书，我选择工作；
她结婚生子，我保持单身。
像一条突然分叉的河，
彼此悄无声息地流向了不同的方向。

渐渐地，
无话不谈变成无话可谈，
到如今，连寒暄都少得可怜。

**心里清楚告别在所难免，
只是想起从前曾那样好，
还是忍不住反复失落。**

大大方方结束,**好过**强留着溃烂。

听听老人言

- 天下无不散之筵席。

  (茫茫人海中,因为缘分偶然相聚的我们,总是逃脱不了离别的命运。但我们不必为此太过伤感,今日别离,也许来日又会重逢。)

- 人间枝头,各自乘流。

  (我们要接受每个人都有自己的生活这个事实,再要好的朋友,随着时间的变化,也会有新的圈子和归宿。)

- 走心不留余力,拔刀不留余地。

  (与他人相交,不必强求天长地久。同路时尽情付出真心,无愧于人;离别时果断干脆,不拖拖拉拉。若能如此,也算是一种有始有终。)

- 愿为众人死，不为一人亡。

 （可以为大义而牺牲，却不能将自己困在小情小爱里。）

- 人生不相见，动如参与商。
  - 杜甫《赠卫八处士》

 （人生总归聚散不定，天上星辰也难逃此理。）

- 父母恩深终有别，夫妻义重也分离。
  - 《增广贤文》

 （即便是父母爱人，也有分离情尽的时候，更何况是朋友。）

- 我辈本无流俗态，不教离恨上眉多。
  - 张咏《与进士宋严话别》

 （告别不说再见，只有祝福。）

- 于道各努力，千里自同风。
  - 周行己《送友人东归》

 （就这样吧，祝我们在各自的道路上渐入佳境。）

- 水无定。花有尽。会相逢。
  可是人生长在、别离中。
  ◉ 向子諲《相见欢·桃源深闭春风》
  （聚散有时，未来可期，无畏前行。）

飞蓬各自远，
且尽手中杯。

bye bye~

读读大师的智慧

♛ 感情到了最热的时候,是会最冷的。
  ◉ 老舍《黑白李》

♛ 相遇总是猝不及防,离别都是蓄谋已久。
  我们要习惯身边的忽冷忽热,
  也要看淡那些渐行渐远。
  ◉ 太宰治

♛ 很多人不需要再见,因为只是路过而已;
  遗忘,就是我们给彼此最好的纪念。
  ◉ 林徽因

♛ 有一种低声道别的夕阳,
  往往是短促的黄昏,替星星铺路。
  ◉ 卡尔·桑德堡《夕阳》

♛ 对于友谊来说，
   笑声确实是个不错的开端，
   同时也是最好的结局。
   ◉ 王尔德《道林·格雷的画像》

♛ 早早地离别，能够减少不必要的悲伤。
   ◉ 莎士比亚

♛ 我知道人生本就是充满了离别，
   但最难过的是，
   我们总是没有机会好好说再见。
   ◉《少年派的奇幻漂流》

♛ 有一天，我突然发现，分离才是人间常态。
   ◉《以家人之名》

♛ 如果以后再也见不到你，
   那就祝你早安、午安、晚安！
   ◉《楚门的世界》

47

PART 2

没有朋友，
也不知道该怎么
交朋友

每个人似乎都应该拥有几个朋友,
可以一起嬉笑怒骂、一起生机勃勃。
可我一个也没有——

我总是孤零零地,
一个人上课、吃饭,
一个人逛街、旅行,
一个人享受第二杯半价……

我不爱社交,甚至有些社恐,
虽然努力让自己融入人群,
但工作了好多年,
依然没有可以交心的伙伴。

每次看见别人三五成群,都觉得好羡慕。

真诚永远是必杀技。

听听老人言

- 君子先择而后交,小人先交而后择。

  (和人交朋友,应当在了解过这个人的人品、性情、三观,认真判断之后,再来决定要不要和对方交朋友。盲目交友会让自己陷入被动,错付真心。)

- 弹琴知音,谈话知心。

  (友情都是从心灵的沟通开始的。想要真正了解别人,就要通过谈心,通过他对一些事物的态度,来探知对方的内心。)

- 非亲有义须当敬,是友无情不可交。

  (不是亲戚,有情有义就值得敬重;再好的朋友,无情无义也不要交往了。)

- 士为知己者死。

  (知己难得,要和真正了解自己、懂自己的人做朋友。)

- 看树看根，看人看心。
  （看人不要只看表面，要了解他的本质。）

- 人心换人心，八两换半斤。
  （与人相处要以诚相待，真诚永远是必杀技。）

- 行不更名，坐不改姓。
  （待人处事要光明磊落。）

- 千里送鹅毛，礼轻情意重。
  （人与人之间的情谊不能用物质多少来衡量。）

- 他敬我一尺，我敬他一丈。
  （朋友交往要互相尊重。）

- 良言一句三冬暖，恶语伤人六月寒。
  （好好说话，不要口不择言、冲动伤人。）

- 锦上添花，不如雪中送炭。
  （与其在别人好的时候跑去贺喜，不如在别人苦的时候送去帮助。心意表现在行动上，他人自然能懂。）

- ♛ 人生交契无老少,论交何必先同调。
    - ◉ 杜甫《徒步归行》

    (交友不必年龄相仿、志趣相同,只要心迹、人品靠得住就可以成为好朋友。)

- ♛ 人生结交在终始,莫为升沉中路分。
    - ◉ 贺兰进明《行路难》

    (人的一生,结交朋友应当善始善终,不要因为地位有所变化、际遇有所不同就半途而废。)

读读大师的智慧

- 在快乐时,朋友会认识我们;
  在患难时,我们会认识朋友。
  - 柯林斯

- 相互轻蔑却又彼此来往,并一起自我作践,
  这就是世上所谓"朋友"的真面目。
  - 太宰治

- 高层次的友谊,
  便是在差异当中寻求一种深刻的认同。
  - 爱默生

- 应当在朋友正困难的时候给予帮助,
  不可在事情无望之后再说闲话。
  - 伊索

♛ 友谊和爱情之间的区别在于,
友谊意味着两个人和世界,
而爱情意味着两个人就是世界。
◉ 泰戈尔

♛ 人的生活离不开友谊,
但要得到真正的友谊却是不容易的。
友谊需要用忠诚去播种,用热情去灌溉,
用原则去培养,用谅解去护理。
◉ 马克思

♛ 年轻时,我会向众生索要他们能力范围之外的:
友谊长存,热情不灭。
如今,我明白只能要求对方能力范围之内的:
做伴就好,不用说话。
◉ 加缪

♛ 友谊像清晨的雾一样纯洁,
奉承并不能得到友谊,
友谊只能用忠实去巩固。
◉ 马克思

PART 3

不想再做
情绪垃圾桶了

他似乎对什么都不满意,
每天打开手机,
聊天框里总有他数不清的吐槽信息,
工作不顺、感情不佳、琐事不断……

同一件事情反复抱怨,
对别人给出的建议却视而不见,
像一个单向输出的负面情绪喷射机,
总有说不完的丧气话。

时间一久,
连我也止不住地心累。

被充当情绪垃圾桶的感觉,真的很窒息!

大胆筛选,别怕走散。

听听老人言

♛ 近朱者赤,近墨者黑。

(和能量高的人做朋友,自己也会更加积极地看待生活;和能量低的人做朋友,自己的能量也会被消耗,影响你的情绪和生活节奏,让你身心俱疲。)

♛ 人不可貌相,海水不可斗量。

(不可根据一个人的相貌去评价他,外表的吸引力可能会迷惑我们,让我们误以为外貌出众的人就一定是好人,而外貌一般的人就可能是坏人。然而,一个人的内在品质才是最重要的,了解他的内心世界,然后再判断是否要和这个人继续往来。)

♛ 广交不如择友。

(交朋友应该是谨慎地、有选择性地,不可好坏不分,结交过广。)

♛ 兵在精，不在多。

（所谓朋友，重要的不是数量，而是质量。和正能量的人做朋友，才能相互促进，共同成长。）

♛ 君子居必择乡，游必就士。

（生活在复杂的环境中，人的价值观也会在潜移默化中发生改变，所以要选择有好邻居的地方居住，出门在外也要选择与品行优良的人结交。）

♛ 知事少时烦恼少，识人多处是非多。

（一个人知道的琐事和结识的人越多，他遇到的烦恼和争端也就越多，所以要学会选择朋友，避免染上不必要的麻烦，影响自己的生活。）

♛ 眼不见，心不烦。

（交朋友也要学会及时止损，总是让人 emo 的感情不要也罢。）

♛ 响必应之于同声，道固从之于同类。

◉ 骆宾王《萤火赋》

（要选择志同道合的人做朋友。）

读读大师的智慧

- 我又不学耶稣,何苦替别人来背十字架呢?
  - 鲁迅《而已集》

- 真正的友谊总是预见对方的需要,
  而不是宣布自己需要什么。
  - 莫洛亚

- 自由的极致就是可以远离任何不喜欢的人和事。
  - 萨特

- 任何消耗你的人和事,多看一眼都是你的不对。
  - 罗素

- 有一天早晨我扔掉了所有的昨天,
  从此我的脚步就轻盈了。
  - 泰戈尔

PART 4

讨人厌的关心
令人窒息

朋友似乎不只是我的朋友——

她有时像一个黏人精,
"女友""女儿"身份来回切换,
没有一起行动就会生气爆发,
没有秒回消息就会信息轰炸,
直到最后一点私人空间也被完全占据。

有时又像一名私家侦探,
总是窥探我不愿说出口的秘密,
擅自插手我的每一个决定,
对我的喜好评头论足,
却从不尊重我的感受。

**好想拥有一个开关,
想要独处的时候就将朋友关在门外,
得到片刻自由。**

最舒服
的关系
是
保持
边界感。

听听老人言

- 己所不欲,勿施于人。

 (与人交往要懂得换位思考,从自己的所欲所想出发,推己及人,不想被人背后非议,就不要非议他人;不想被人欺骗背叛,就不要做出欺骗他人的举动。如果只顾着自己高兴,把自己的想法强加给别人,长此以往,友情也就走到尽头了。)

- 未经他人苦,莫劝他人善。

 (世界上没有真正的感同身受,没有经历过别人的苦难,就不要站在道德的制高点,大义凛然地对别人的事情指手画脚,要求对方践行你所认为的善。万般痛苦,唯有自渡。)

- 君子之交淡如水。

 (朋友相交应如白水般清澈,不苛求,不强迫,不妒忌,不黏人,不含任何的功利心。)

- 各人自扫门前雪,莫管他人瓦上霜。

  (管他人之前先管好自己,不要总是多管闲事。)

- 不管闲事终无事。

  (不参与和自己无关的事情就不会因此招惹是非,祸及自身。)

- 见事莫说,问事不知;闲事莫管,无事早归。

  (在处理人际关系时,要懂得保持沉默,学会尊重他人隐私,不要随意发表意见。)

- 不在其位,不谋其政。

  ◉《论语》

  (每个人都应安分守己,明确自己的责任,专注于自己的事务,不要干涉他人的工作,更不要越俎代庖,越权行事,以免发生不必要的争执和责任纠纷。)

- 君子和而不同,小人同而不和。

  ◉《论语》

  (尊重他人的想法,求同存异。)

读读大师的智慧

♛ 人类的一切痛苦根源，都源于缺乏边界感。
   ◉ 邦达列夫

♛ 不够真诚是危险的，太真诚则绝对是致命的。
   ◉ 王尔德

♛ 人就像寒冬的刺猬，互相靠得太近，会被刺痛。
   ◉ 叔本华

♛ 最好的朋友是那种不喜欢多说，
   能与你默默相对而又息息相通的人。
   ◉ 高尔基

♛ 越界者永远不会觉得自己越界，
   因为刺痛的都是别人。
   ◉ 亨利·克劳德

—— 上班带来快乐的方式,是让不上班时显得更快乐。

第三劝

不要放大上班的痛苦

每天早晨闹钟响起时,
脑海中总会出现一个声音——
人,为什么一定要工作?

世界是一个复杂多变的机器,
我们是社会漫长生产线上的小小零部件。
在充满各种螺丝钉的世界中,
工作的意义,
有时是获得收入,养家糊口;
有时是获得认可,自我实现;
有时甚至毫无意义。

说到底,
工作只是手段,生活才是最终目的。
所以,
该奋起直追时,就全力以赴——"跌宕歌词,纵横书卷";
该养精蓄锐时,就修养身心——"出门一笑,月落江横"。
带上足够的勇气,去走走停停,
静待"长风破浪会有时",而后"直挂云帆济沧海"。

该怎么办？
公主也要上班啊！

PART 1

所有时间都被工作占据，根本不敢休息

小时候对龟兔赛跑的故事深信不疑,
长大后自觉成了那只笨拙的乌龟,

因为没有存款,
因为担心前途,
因为还要生活,
所以一步也不敢停。

上班是为了下班,
下班就开始准备下一次上班,
仿佛休息一秒都是有罪。
即使熬到了假期,也是一边享受一边焦虑。

**难道只有退休之后,
才有找回生活的自由?**

大胆
浪费时间,
允许自己
枯萎
几天。

听听老人言

- 日出而作,日入而息。

  (有规律的生活,是一种人生自律。该工作时工作,该休息时休息,有松有紧,互相调节,每天留一些时间给自己,安静地喝杯茶、听听歌,或者与他人交谈,有助于提高生活质量,维持身体健康。)

- 车到山前必有路,船到桥头自然直。

  (一个人的一生中总会遇到各种各样的情况,困难在所难免,但也不必过于焦虑。任何事情都是有转机的,坦然面对事情的发展,不要为还未发生的事情过度担心,给生活留一点张力。)

- 人到难处不能挤,马到难处不加鞭。

  (不要把自己逼得太紧,人不是机器,不能像机器一样不停地运作,需要适当的休息,劳逸结合,避免过度的紧张和劳累。)

- 休息取调节气血,不必成寐;
  读书取畅适性灵,不必终卷。
  - 陆游
  (所谓休息,并不一定要睡觉,哪怕只是闭上眼睛放松一刻,也是一种放松。)

- 劳而不休则蹶,精用而不已则竭。
  - 《淮南子》
  (不懂得休息,精力再多也有用尽的时候。)

- 身不宜忙,而忙于闲暇之时,亦可傲惕惰气;
  心可不放,而放于收摄之后,亦可鼓畅天机。
  - 《菜根谭》
  (人生不能只有一种模式,过度忙碌会透支心力,过度安逸则浪费人生。找到忙碌与闲适之间自如切换的方法,劳逸结合、张弛有度,享受自己的美好人生。)

- 勤靡余劳,心有常闲。
  - 陶渊明《自祭文》
  (工作时便用心工作,休息时间便让心灵保持悠闲。)

♛ 而今何事最相宜，宜醉宜游宜睡。
  ◉ 辛弃疾《西江月·示儿曹以家事付之》
  （周末就放松下来，把工作放在一边，做些让自己快乐的事。）

♛ 因过竹院逢僧话，偷得浮生半日闲。
  ◉ 李涉《题鹤林寺僧舍》
  （在忙碌的生活里，主动为自己寻找可以放松的时刻。）

读读大师的智慧

- 太阳虽好，总要诸君自己去晒，旁人却替你晒不来。
  - 梁启超《饮冰室文集》

- 工作的最重要形式之一是休息。
  - 马林诺夫斯基

- 能在浪费时间中获得快乐，便不算浪费时间。
  - 罗素

- 闲暇是人生的精华。
  - 叔本华

- 回到家里，
  我会有好一阵子，
  把拥抱整个人类的愿望束之高阁。
  - 陀思妥耶夫斯基《地下室手记》

♛ 在这五光十色的世界里,
　我要的只是公园里的一把长椅。
　　◉ 埃迪特·索德格朗《礼物》

♛ 星星应该哈哈大笑,反正宇宙是个偏僻的地方。
　　◉ 帕斯捷尔纳克《诗的定义》

♛ 如果你正在失去你的闲暇时光,小心!
　可能你正在失去你的灵魂。
　　◉ 伍尔夫

♛ 如何享有空闲的时间和如何工作,是同等重要的。
　　◉ 罗曼·罗兰

♛ 谁不会休息,谁就不会工作。
　　◉ 列宁

♛ 睡眠像是清凉的浪花,
　会把你头脑中的一切浑浊荡涤干净。
　　◉ 屠格涅夫

PART 2

事业到了瓶颈期，害怕下一秒就被淘汰

工作几年后,
事业开始进入低谷期——

每天重复着同样的事情,
花了大量精力,收获却寥寥无几;
工作越来越多,忙得像不停转的陀螺,
升职加薪却总也轮不到自己。

想要离职跳槽,
却总是纠结犹豫,没有冒险的勇气;
想要调整职业方向,
又发现能力不够,不知道该往哪里去。

**停滞不前的生活里,
想要上进的心都成了拖累。**

别怕，
天空
越黑，
星星
越亮。

听听老人言

♛ 人微言轻不劝人，力微人下不行善。
（我们需要正确认识自己的价值和力量，由此建立起清晰的目标和追求，并根据实际情况调整自己的处事方式。身处低谷时，要低下头去，向内生长，保持清醒的头脑和正确的价值观，同时持续地学习和成长。）

♛ 山不转水转，人不转路转。
（世上一切事物都是发展变化的，一时不顺利也不必懊恼和悲观，学会变通，逆境也能成机遇。只要你还愿意走，路的尽头依然是路。）

♛ 留得青山在，不怕没柴烧。
（如果自己的力量尚且不足，就别一味地向前冲，不如沉下心来积蓄能量，给自己多一条退路，多一些迂回的空间。）

- 逢山开路,遇水搭桥。
  (遇到问题就解决问题,不要害怕阻力,只管一往无前。)

- 深水莫畏渡,事难莫停步。
  (无论多难,也不要轻言放弃。)

- 安逸生懒汉,逆境出人才。
  (逆境常常会激励人奋进,谷底也许是好事。)

- 关关难过关关过,步步难行步步行。
  (一切没有想象中那么难,一步一个脚印地勇敢走下去,总有走出困境的时候。)

- 不要在一棵树上吊死。
  (此路不通就走其他路,不要固执于一种选择。)

- 成人不自在,自在不成人。
  (人要有所成就,就必须刻苦努力,不可安逸自在。)

- 天下事,坏于懒与私。
  - 朱熹

  (快快抛弃你的懒惰和自私。已经被甩开了距离,再不努力就会连努力的机会也一并失去。)

- 欲速则不达,见小利则大事不成。
  - 《论语》

  (做事不要只追求速度,稳扎稳打,慢慢提升自己。)

- 寒不累时,则霜不降;温不兼日,则冰不释。
  - 王充《论衡·卷五·感虚篇》

  (自我提升需要一个量变引起质变的过程,坚持不懈,才能看到冰雪消融。)

- 且养凌云翅,俯仰弄清音。
  - 沈约《八咏诗夕行闻夜鹤》

  (深耕自己,慢慢长出可直上九霄的凌云之翅,便能在天地间自由飞行。)

读读大师的智慧

- 凡是过往,皆为序章。
  - 莎士比亚

- 群山在召唤,我必须起行。
  - 约翰·缪尔

- 人生的态度是,
  抱最大的希望,尽最大的努力,做最坏的打算。
  - 柏拉图《理想国》

- 最困难之时,就是离成功不远之日。
  - 拿破仑

- 采珠人如果被鳄鱼吓住,怎能得到名贵的珍珠?
  - 萨迪

♛ 一棵树要长得更高,接受更多的光明,
那么它的根就必须更深入黑暗。
  ◉ 尼采

♛ 也许你感觉自己的努力总是徒劳无功,
但不必怀疑,你每天都离顶点更进一步。
今天的你离顶点还遥遥无期,
但你通过今天的努力,积蓄了明天勇攀高峰的力量。
  ◉ 尼采

♛ 当我们尽力而为时,
我们不知道会有什么样的奇迹出现在我们的生命,
或是另一个人的生命里。
  ◉ 海伦·凯勒

PART 3

喜欢的工作不赚钱，赚钱的工作不喜欢

毕业前自信满满,
觉得体面又高薪的 offer 可以信手拈来。
等到离开了象牙塔,
才发现被现实"啪啪"打脸。

在喜欢的工作和稳定的生活之间,
生存压力逼迫着自己选择后者,
可要放弃前者,
又总是痛苦和不甘。

幻想鱼与熊掌可以兼得,
却发现自己根本没有能力双选。

**原来人生处处是选择题,
但如何选择根本由不得自己。**

坚定选择，大胆追求。

听听老人言

- 民以食为天。

    (对于一个人来说,生存才是根本。当物质条件不足的时候,就要先想办法解决温饱,之后才有余力去考虑创造。)

- 技多不压身。

    (多学习一些技能,不仅有利于自身的成长和发展,还能让你在面临选择的时候,拥有更多的余地掌握主动性。但也不能一味追求数量,要注意选择更适合自己发展的方向。)

- 鱼与熊掌不可兼得。

    (大多数情况,一个人是无法做到既要又要还要的,这种时候就必须要学会取舍。有舍才有得,选择当下自己最迫切需要的,并且坚持下去,总有一天,其他想要的东西也会有机会获得。)

♛ 不怕人不请,就怕艺不精。

(不怕没有好的工作,就怕机会找上门的时候却能力不够。)

♛ 与其苛求环境,不如改变自己。

(只有弱者才会被淘汰,有能力的人到哪里都会发光。)

♛ 进攻是最好的防守。

(与其被动选择,不如主动争取。机会都是抢来的。)

♛ 开门七件事,柴米油盐酱醋茶。

(生活需要物质保障,选择工作也要考虑自己的经济情况。)

♛ 三百六十行,行行出状元。

(当下社会环境,就业压力本就非常大,因此在选择工作时更要注意切莫眼高手低。无论做什么职业,只要拥有澎湃的热情,脚踏实地地去做,必定能做出一番成就,收获财富。)

♛ 天下无难事,只怕有心人。
(只要肯想,工作也可以变得有趣起来。)

♛ 这山望着那山高。
(总觉得别的工作、别的环境更好,会不会是因为你从一开始就没有用心呢?)

♛ 业无高卑,事在人为。
(职业不分贵贱,只要肯用心做,必定能有一番成就。)

♛ 车有车道,马有马路。
(在自己的专业领域内行事,不要轻易跨界去做自己不擅长的事情。)

♛ 一分耕耘,一分收获。
(没有辛勤的耕耘,就不会有丰富的收获,这是一个积累的过程,不要妄想一蹴而就。)

♛ 堪作梁底作梁,堪作柱底作柱。
(不要总是想象着自己要做什么,而要正视自己的能力,从自身实际出发,能做什么便做什么。)

读读大师的智慧

- 一旦选择相信，一切皆有可能。
  - 尼采

- 一个人如果有自己的信仰，
  那么无论与谁合作，他的信仰都不会贬值；
  如果他没有信仰，
  那么不管他加入什么团队，
  都不过是茫茫众生中的一员，终其一生都随波漂流。
  - 梭罗

- 要是成天想着今天，愁着明天，
  生活还有什么意思呢？
  就是事情糟到无可再糟的地步，
  我想总还是有路可走的。
  - 毛姆

♛ 不要着急,
最好的总会在最不经意的时候出现。
◉ 泰戈尔

♛ 一切希望都在未来。
我刚刚二十六岁,
虽然光阴荏苒,
可是说不定还会有所成就的。
◉ 契诃夫《给格里果洛维奇的信》

♛ 这世上没有毫不后悔的选择,
生活也是没有正确答案的,
只要坚信选择的道路就是正确答案,
并把它变成正确答案就可以了。
◉《请回答1994》

PART 4

想要更上一层，
却不知如何行动

小时候,
大人总说"是金子总会发光",
长大后,
勤勤恳恳工作许多年,
到头来还是职场小透明。

重要的项目没机会参与,
在同事的眼中也可有可无,
连名字都时常被叫错。

看到他人在成功的路上一路高歌,
心里总会忍不住嫉妒——

**这世界上成功的人那么多,
凭什么不能多我一个?**

抓住机遇，乘风破浪。

听听老人言

- 与其临渊羡鱼,不如退而结网。

    (与其看着别人的成绩而去羡慕,不如自己好好努力,凭本事做出成绩。只有愿望而不付诸行动,永远也不可能获得真正的成功。)

- 初生牛犊不怕虎。

    (冒险精神是一个成功者的必备品质。遇到问题一定要勇敢面对,放下顾虑,敢作敢为。)

- 有多大脚,穿多大鞋。

    (想要做的事情不能脱离自身的实际情况,否则只会浪费光阴。)

- 不忘初心,方得始终。

    (在岁月的摸爬打滚中,不要轻易忘记最初的本心。)

♛ 一等二靠三落空,一想二干三成功。

(不要只会空想,要付出实际行动。)

♛ 好汉不吃眼前亏。

(聪明人要会识时务,懂得暂时躲开不利的处境,免得吃亏受辱。)

♛ 稳坐钓鱼船。

(无论发生什么变化,都要沉着镇静。)

♛ 吃亏会做人。

(要向能屈能伸的人学习。)

♛ 牵牛要牵牛鼻子。

(要抓住事情的核心,精力一旦分散,便容易走下坡路。)

♛ 放长线钓大鱼。

(做事要做长远打算,虽然不能立刻收效,但将来能得到更大的好处。)

- 牡丹虽好,全仗绿叶扶持。

 (一个人不管有多大能耐,总是需要他人帮助的。)

- 一个篱笆三个桩,一个好汉三个帮。

 (一个人的力量是有限的,但众人的力量是无穷的,要明白团队合作、互帮互助的重要性。)

- 事以密成,言以泄败。
  - 《韩非子》

 (事情做成之前,不要到处宣扬。)

- 君子藏器于身,待时而动。
  - 《系辞传下》

 (即使胸怀才学也不要轻易炫耀,静待时机,方能一鸣惊人。)

- 时不可以苟遇,道不可以虚行。
  - 《战国策》

 (时机可不是随随便便就能遇到的,一旦遇上,便要脚踏实地,步步前行。)

读读大师的智慧

- 在观察的领域里,机遇只偏爱那种有准备的头脑。
  - 巴斯德

- 一个人不论干什么事,
  失掉恰当的时节、有利的时机就会前功尽弃。
  - 柏拉图

- 聪明人制造的机会比他找到的多。
  - 培根

- 弱者坐待良机,强者制造时机。
  - 居里夫人

- 世界上最快乐的事,莫过于为理想而奋斗。
  - 苏格拉底

♛ 一个骄傲的人，结果总是在骄傲里毁灭了自己。
　● 莎士比亚

♛ 只要专注于某一项事业，
　就一定会做出使自己感到吃惊的成绩来。
　● 马克·吐温

♛ 成功的秘诀，在于永不改变既定的目的。
　● 卢梭

♛ 成功不是最终的，失败不是致命的，
　有勇气继续前进才是最重要的。
　● 丘吉尔

———— 你要不要同我去吹吹旷野的风？

第四劝

累了就歇，不要逞强

这个世界上,
很少有人知道自己想要什么,
更多的,是绷紧了弦,
一边努力一边迷茫,一边渴望一边恐惧。
到最后,身体和灵魂同时生病,
却连病因都说不清楚。

想不通的事就算了吧,
恃才傲物的李白也有"拔剑四顾心茫然"的时刻,
一生洒脱的苏轼也有"人生如逆旅,我亦是行人"的感叹,
做个"难得糊涂"的人也没什么不好。
放松下来,
而后跳进一个更大的世界里,
去哭、去笑、去经历、去呐喊,去不断发现更多可能,
更不必逼着自己在世俗的标准里登峰造极,
"且乐生前一杯酒,何须身后千载名?"

公主的任务是天天开心!

PART 1

活得好累，
感觉每天都在渡劫

我累了,
不知道从什么时候开始出了问题,
但就是累了。

每天总有处理不完的糟心事,
想不出的课题,写不出的论文,
看不懂的资料,开不完的会议,
处理不清楚的人际关系,
连午休都无法安静入睡,
每一个呼吸的瞬间都在硬撑。

想要解放被囚禁的自己,
却不知道自己被困在哪里。

**有时也会忍不住想,
如果世界末日真的到来就好了,
因为正合我意。**

保持松弛，
小猫在午睡，
地球在转圈。

听听老人言

♛ 比上不足，比下有余。

（人不能永远只看到他人比你强、比你好的地方，偶尔回头看看，会发现有许多人还不如你。一切都是相对的，都是相比较而存在的。在努力前进的同时，也要明白放宽心胸、知足常乐的道理。）

♛ 塞翁失马，焉知非福。

（无论什么事情都会有好坏两面，就算一时遭受损失，但也有可能因祸得福，反之亦然。放下得失心，一切都是最好的安排。）

♛ 世上本无事，庸人自扰之。

（很多时候我们会因为自己的过度担心和焦虑，而把一些本来不是问题的事情弄得非常复杂，自己跟自己过不去。放下忧虑，我们才能真正地享受生活，让自己的生活更加美好。）

- 杞人忧天。

  （凡事都应有个度。整天怀着毫无必要的担心和无穷无尽的忧愁，既自扰也扰人。即使生活中确实发生了令人烦恼焦虑的事情，我们也应振作精神，积极应对，而不该整天闷闷不乐地就此消沉下去。）

- 今朝有酒今朝醉，明日愁来明日愁。

  （尽情享受当下，明天的事情明天再说。）

- 云能飞过的山，都不能算高山。

  （没有过不去的坎儿，只有过不去的人。）

- 知其不可奈何，而安之若命。

  ◉《庄子·人间世》

  （人的一生总有很多无可奈何的事情，坦然接受命运的安排，用平和的心态去面对一切。）

- 勿以有限身，常供无尽愁。

  ◉ 陆游《还都》

  （人生短暂，保持乐观。）

♛ 不须计较与安排，领取而今现在。

  ◉ 朱敦儒《西江月·日日深杯酒满》

  （谁也说不清明天和意外哪一个会先来，与其预支未来的哀愁，不如过好当下的每一天。）

♛ 采菊东篱下，悠然见南山。

  ◉ 陶渊明《归园田居》

  （放下烦恼琐事，去过悠闲的日子。）

读读大师的智慧

- 不要垂头丧气,即使失去一切,明天仍在你手中。
  - 王尔德

- 为了得到真正的快乐,
  避免烦恼和脑力的过度紧张,
  我们都应该有一些嗜好。
  - 丘吉尔

- 粗茶淡饭同美酒佳肴一样,也能给人以快乐,
  如果饥饿时能吃块面包喝口水,
  那也是乐不可支的。
  - 伊壁鸠鲁

- 快乐不能靠外来的物质和虚荣,
  而是靠自己内心的高贵和正直。
  - 罗曼·罗兰

♛ 在这不温不火的清晨时刻，
在沙漏和枯叶之间，
我不想同精神打交道，
我要的是无常，我想做孩子和花。
◉ 赫尔曼·黑塞《温泉疗养客》

♛ 努力想要得到什么东西，其实只要实事求是，
就可以轻易地、神不知鬼不觉地达到目的。
如果过于使劲，闹得太凶，太幼稚，太没有经验，
就哭啊，抓啊，拉啊，
像一个小孩扯桌布，结果却是一无所获，
只不过把桌上的好东西都扯到地上，
永远也得不到了。
◉ 卡夫卡《城堡》

♛ 以前老爱仰赖明天、敷衍当下，
现在不会了。
只是一天一天，
非常珍惜地过日子。
◉ 太宰治《小说灯笼》

PART 2

不知道自己想要过怎样的人生

小时候，
别的小朋友总有自己的梦想——
长大以后要当警察、当医生、当科学家，
而我从没想过这些。

许许多多年里，
一直按照既定的轨迹读书、工作，
没什么兴趣爱好，
没什么高尚的追求，

也始终不知道自己究竟想过怎样的生活，
好像自己只是一个提线木偶，
一直表演着不知谁的人生。

**可我，
始终想为自己活一回。**

去看不同的人，去读不同的故事。

听听老人言

♛ 不怕念起,就怕觉迟。

(对任何事都不要怕有想法,只要有所觉悟,任何时候都不晚。什么都不想,什么都不做,只想浑浑噩噩、随波逐流,这才是最可怕的。)

♛ 读万卷书,行万里路。

(读书可以使人明理,增长见识,从书本中,你可以认真体悟前人的智慧和精神结晶,而后反哺自身。但只读书不行,还要到生活中去,让理论结合实际,真正从生活中找到自我。)

♛ 实践出真知。

(人生有很多方法去了解自我,最重要的是要真正去做。一个人只要勤奋实践,总能悟出自己的人生之道。不要总是走别人的老路,说自己的话,做自己的事,成为更好的自己,而后更好地成为自己。)

♛ 家贫不是贫，路贫贫杀人。

（物质上的贫穷并不可怕，因为总能找到解决的办法。可怕的是精神和思想上的贫穷，它会让人失去生活的热情和目标，陷入无尽的虚无。培养自己的信仰和理想，保持对未来的信心和热情，重拾生活，才能真正拥抱美好世界。）

♛ 千里之行，始于足下。

（所有的一切，从迈出第一步开始。）

♛ 走不完的路，知不完的理。

（一直在路上，便处处有新风景。）

♛ 百闻不如一见，百见不如一干。

（听别人说得再多，不如亲自去看、去尝试。）

♛ 不挑担子不知重，不走长路不知远。

（只有亲自去经历，去体会，才能知道什么样的人生才是自己想要的。）

♛ 难得糊涂。

（不执着于所谓生活的意义，只着眼于当下，学会放下和释怀，也是一种生活方式。）

♛ 庭院里跑不出千里马，花盆里栽不出万年松。

（世界很大，别躲在舒适圈里，到处走走看看，去看世界，也看自己。）

读读大师的智慧

- 人必生活着,爱才有所附丽。
  ◉ 鲁迅《伤逝》

- 高贵的灵魂,是自己尊敬自己。
  一个人知道自己为什么而活,
  就可以忍受任何一种生活。
  ◉ 尼采

- 旅客要在每个生人家门口敲叩,
  才能敲到自己的家门。
  ◉ 泰戈尔《吉檀迦利》

- 你是活了一万多天,
  还是仅仅生活了一天,却重复了一万多次?
  ◉ 费尔南多·佩索阿《不安之书》

♛ 每个人的生命都是通向自我的征途,
是对一条道路的尝试,是一条小径的悄然召唤。
觉醒的人只有一项义务:
找到自我,固守自我,
沿着自己的路向前走,不管它通向哪里。
◉ 黑塞

♛ 带一卷书,走十里路,
选一块清净地,看天,看鸟,读书,
倦了时,和身在青草绵绵处寻梦去。
◉ 徐志摩

♛ 生活有意义,就算在困境中也能甘之如饴;
生活无意义,就算在顺境中也度日如年。
◉ 尼采

♛ 我过去是,现在仍然是一个探索者,
但是我不再占星问道,我开始倾听内心深处的低语。
◉ 黑塞

PART 3

想要改变，
又害怕改变

裸辞躺平的第三个月,
生活进入枯燥的固定循环,
对于时间的感受,变得迅速而模糊。

世界一直奔涌向前,
自己却好像失去了前进的方向。
看着镜子里逐渐发胖、颓废的自己,
想要改变的心情在那一刻达到顶端——

想脱掉牛仔裤,尝试漂亮的裙子;
想出去旅行,看看久违的大海;
想改换赛道,探索新的事业……
脑袋里计划了无数件事情,
身体却还未行动就打起了退堂鼓。

**期待和恐慌来回撕扯,
想要的改变也始终停滞不前。**

一步一印,**稳稳**向前。

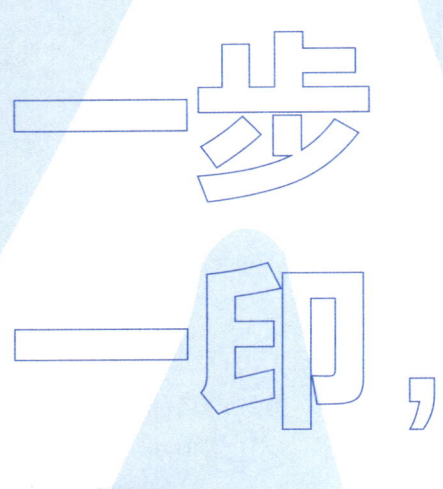

听听老人言

♛ 不破不立，破而后立。
（想要适应不断发展的世界，就必须摧毁一些东西，迎来新生。勇敢的自我革新，放弃旧的思维模式、行为方式、生活习惯，不断实现个人的成长和进步，才能适应新的挑战和机遇。）

♛ 开弓没有回头箭。
（人生就像一条河，不管你愿不愿意，河水都会一直往前。一旦决定要开始做一些事情，就坚持下去，拼死向前，绝不给自己回头的机会。）

♛ 苟日新，日日新，又日新。
（我们应该抱有不断学习、不断进步、不断挑战自我、不断追求卓越的态度，时刻保持积极进取和开拓创新的精神。只有不断更新自己，才能获得改变和提升。）

- 不塞不流,不止不行。

 (放弃旧的、错误的过去,才能迎来新的、正确的自己。)

- 小洞不补,大洞吃苦。

 (小的问题不改变,有一天就会变成大麻烦。)

- 小车不倒只管推。

 (做事贵在坚持,只要还有一份力气,就要坚持。)

- 雷声大,雨点小。

 (做事总是夸夸其谈,却不愿付出实际行动,或无法持之以恒,这样的人是无法成功的。)

- 书山有路勤为径,学海无涯苦作舟。

 (坚持不懈才会有收获。)

- 穷则变,变则通,通则久。

 ◉《周易》

 (世间唯一不变的就是变化,只有不断改变,才能长久发展。)

♛ 倘若功名立，那愁变化迟。

◉ 李中《勉同志》

（改变任何时候都不怕晚。只要你想，并为此不断付出努力，时光流转，总有功成名就之时。）

不经一番寒彻骨，怎得梅花扑鼻香。

跑步打卡
第二十天

读读大师的智慧

- 我们所要做的事，应该一想到就做。
  因为人的想法是会变化的，
  有多少舌头，多少手，多少意外，
  就会有多少犹豫，多少迟延。
  ◉ 莎士比亚

- 人在不断长大，甚至脱胎换骨，
  我们要坦然接受自己的变化，
  进而让自己更快地焕然一新。
  ◉ 尼采

- 不要只因一次失败，就放弃你原来决心想达到的目的。
  ◉ 莎士比亚

- 当改变命运的时刻降临，犹豫就会败北。
  ◉ 茨威格

♛ 理想与现实之间，

　动机与行为之间，

　总有一道阴影。

　◉ 爱略特

♛ 改变的秘诀，

　是集中你的所有能力，

　不是摧毁旧的，而是建造新的。

　◉ 苏格拉底

♛ 我深怕自己本非美玉，

　故而不敢加以刻苦琢磨，

　却又半信自己是块美玉，

　故又不肯庸庸碌碌，与瓦砾为伍。

　于是我渐渐地脱离凡尘，疏远世人，

　结果便是一任愤懑与羞恨，

　日益饲育内心那怯弱的自尊心。

　◉ 中岛敦《山月记》

♛ 对于一个有毅力的人来说，无事不可为。

　◉ 海伍德

PART 4

被正式确诊为
"脆皮青年"了

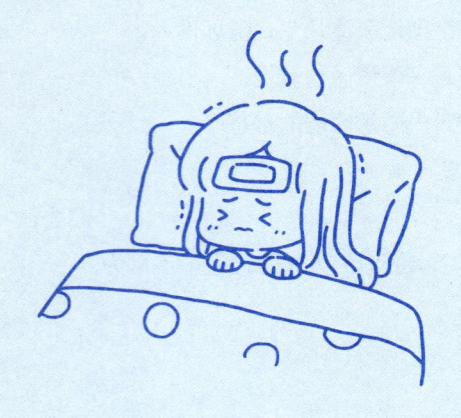

每年生日都会许三个愿望，
必不可少的一个是"身体健康"，
可惜身体总有自己的想法——

白天骑着电动车吹风，
晚上必定躺在被窝伤风；
偶尔突发奇想、激情运动，
第二天脑袋昏沉、浑身酸痛；
年年定时参加体检，
次次喜提几项"随诊"；

各种"怪病"随时造访，
年纪轻轻毛病不少；
原本一口气爬七楼，
现在还没到第三层就开始喘。

**生活不易，没出息也没关系，
还有气息就觉得自己已经很厉害了！**

以最少的
精力，
养
最健康的
身体。

听听老人言

- 笑一笑,十年少;愁一愁,白了头。
  (人的身体健康与情绪有着密切的关联。保持乐观的情绪,既是人体生理功能的需要,也是人们日常生活的需要。以微笑面对世间的一切,是最简单的长寿秘方。)

- 养生在勤,养心在静。
  (保持身体和心灵的双重健康,是一种对自己的深刻关爱。在喧嚣的世界里,找到属于自己的步调——以规律的生活作息,保持身体的正常运转;以宁静豁达的心态,维护内心的平和从容。)

- 一夜不睡,十夜不醒。
  (好的睡眠抵得上一万种保养品。养成良好规律的睡眠习惯,可以使身体的每个器官都能得到充分的休息,提高睡眠质量,改善皮肤状态。)

- 树大伤根,气大伤身。
  (莫生气,原谅他人,也原谅自己。)

- 早吃好,午吃饱,晚吃巧。
  (拒绝肥胖,从健康饮食开始。)

- 食不言,寝不语。
  (吃饭的时候不说话,睡觉的时候不发出声音吵到别人,既是对粮食和身体的尊重,也能养成良好的生活习惯,避免肠胃疾病的发生,保证睡眠质量。)

- 百病从寒起,寒从脚下生。
  (足底是人体第二个"心脏",年轻时不注意脚的保暖,一味追求漂亮,到了中老年,各种疾病就会纷纷找上门。)

- 若要身体壮,饭菜嚼成浆。
  (吃饭要细嚼慢咽,保护肠胃健康。)

- 三天不吃青,两眼冒金星。
  (多吃蔬菜,不做挑食的小朋友。)

♛ 久卧伤气,久坐伤肉。

  ◉《黄帝内经》

  (生命在于运动。)

♛ 早起有无限好处。

  ◉《荆园小语》

  (健康生活第一步,从每日清晨早起开始!早睡早起,有助于提高人体的免疫力,促进身体发育,保证精力充沛,更加高效的工作、学习。)

♛ 饮食男女,人之大欲。

  养心莫善于寡欲,养生莫善于节食。

  ◉ 曹雪芹《红楼梦》

  (饮食要懂得节制,大吃大喝要不得。)

♛ 法于阴阳,和于术数,

  饮食有节,起居有常,不妄作劳,

  故能形与神俱,而终尽其天年。

  ◉《黄帝内经》

  (饮食有节制,作息有法度,劳作不过度,身心协调,自然长寿。)

读读大师的智慧

♛ 健康的身体是灵魂的客厅,
病弱的身体是灵魂的监狱。
　◉ 培根

♛ 保持健康是做人的责任。
　◉ 斯宾诺莎

♛ 在进餐、睡眠和运动等时间里
能宽心无虑,满怀高兴,
这是长寿的妙理之一。
　◉ 培根

♛ 思考于清晨,行动于白昼,
饱食于日暮,就寝于夜晚——
如此人生,不亦乐乎。
　◉ 威廉·布莱克

♛ 吃饭莫饱,走路莫跑,
　说话要少,睡觉要早,
　遇事莫恼,经常洗澡。
　　◉ 谢觉哉

♛ 有规律的生活原是健康与长寿的秘诀。
　　◉ 巴尔扎克

♛ 学会以最简单的方式生活,
　不要让复杂的思想破坏生活的甜美。
　　◉ 弥尔顿

♛ 旷达的人长寿。
　　◉ 莎士比亚

♛ 当有病时就要努力恢复健康。
　当健康时则应当经常锻炼。
　　◉ 培根

♛ 清洁仅次于圣洁。
　　◉ 培根

——— 很多人在人云亦云地讨厌爱情,以为那是个性,希望你不是。

第五劝 不要妖魔化爱情

每到情人节,
朋友圈里总是三极分化严重——
恋爱的人在晒玫瑰;
单身的人一身反骨;
失恋的人崩溃大哭。

在这个急速前进的快餐时代,
连爱情都像开了八倍速,
恋爱结束时带来的后遗症,
让无数人对"爱"望而却步。
于是人们纷纷高喊——
智者不入爱河,再也不吃爱情的苦。
但,我们真的讨厌爱情吗?

我们仍然羡慕"从前车马慢,一生只够爱一人"的浪漫;
我们仍然喜欢"郎骑竹马来,绕床弄青梅"的纯粹;
我们仍然相信"得成比目何辞死,愿作鸳鸯不羡仙"的幸福;
我们仍然坚持爱虽然有时让人哭,
但"喜欢一个人"这件事本身就很美好。
只是爱人之前,我们更愿先成为自己。

今晚的月亮真美啊!

PART 1

原来相爱的人
也会日久生厌

爱情开始的时候,
我们有说不完的话题——

发现了好玩的游戏,
买到了爱吃的点心,
看到了绝美的夕阳,
吃饭、喝水都想要告诉对方。

可渐渐地,
他不再分享自己的生活轨迹,
一个"哦"字回应所有问题,
故事到了最后,彼此连架都懒得吵。

**原来相爱不能抵万难,
喜欢是会被消耗殆尽的。**

别让
相爱
败给
给
相处。

听听老人言

- 门不当，户不对，日久天长必成灾。
 （所谓门当户对，并非指代社会地位的对等，而是指成长环境所带来的生活习惯、消费观念、价值观念以及处理事情的方法等多方面的和谐。如果在这些方面存在不合适的地方，即便在一起，也会在日积月累中成为感情产生裂痕的原因。）

- 情深不寿，慧极必伤。
 （不要把爱情看得太过重要，爱人之前，更要先爱自己，即便深情也要恰到好处。）

- 当局者迷，旁观者清。
 （身处一段关系中时，人常常会看不到问题的所在，一而再，再而三地在同一个地方受委屈。想不通的时候，不妨和亲近的人聊聊天，也许他能给你新的方向。）

- 情人眼里出西施。

  （爱情是盲目的，两个人相爱的时候，无论对方做什么都是好的，一旦不爱了，做得再好也是错的。）

- 万般皆是命，半点不由人。
  - 《警世通言》

  （总有一些事，是不管怎么努力都无法改变的。）

- 执子之手，与子偕老。

  （全世界几十亿人口，能够相遇相爱的概率太小，遇到了那个人，就不要轻易放弃一段感情。）

- 投我以木瓜，报之以琼琚。
  匪报也，永以为好也。
  - 《卫风·木瓜》

  （双向奔赴的爱才有意义，单方面的付出感动的只有自己。）

- 反者道之动，弱者道之用。
  - 《道德经》

  （任何事物发展到极致，都会走向衰退，感情也是。）

- ♛ 以色事他人，能得几时好。
  - ⦿ 李白《妾薄命》

  （容颜易老，妄图凭借自己的美貌来霸住爱人，这种想法本身就是极愚蠢的，自然不会有好结果。）

> 相知在急难，独好亦何益。

读读大师的智慧

- 彼此恋爱,却不要做爱的系链。
  - 纪伯伦

- 一道唱歌跳舞娱乐,但要各忙其事;
  须知琴弦要各自绷紧。
  虽然共奏一支乐曲。
  - 纪伯伦《先知》

- 人不能灭绝爱情,亦不能迷恋爱情。
  - 培根

- 狂热的爱情是绝不长久的。
  - 罗伯特·赫里克

- 爱情的本质在于享有和保持自己。
  - 黑格尔

♛ 人生的快乐和幸福不在金钱，不在爱情，而在真理，
即使你想得到的是一种动物式的幸福。
生活反正不会任你一边酗酒一边幸福的，
它会时时刻刻猝不及防地给你打击。

◉ 契诃夫

♛ 爱情只有当它是自由自在时才会叶茂花繁，
认为爱情是某种义务的思想只能置爱情于死地。
你应当爱某个人，这足以使你对这个人恨之入骨。

◉ 罗素

♛ 爱情是建立在共同语言的基础上的。

◉ 莎士比亚

♛ 恋爱应该是双方扶持对方共同完成自己的目标，
而不是虚幻的思想、肤浅的物质，
和纸醉金迷的生活。

◉《侧耳倾听》

PART 2

分手后
该怎么走出来

分手半年,
对方早已云淡风轻,
仿佛从前的相处只是记忆中的一抹灰,
自己却一直沉溺其中,

旧日的美食失去了诱惑,
出门逛街也会触景伤情,
生活变得一团糟,
浑身上下写满大大的"失败"。

为什么先说爱的人却先走?
为什么明明只差一点就可以走到最后,
却还是以遗憾告终?

自我调解千万次,一想到还是不甘心。

拿得起,**就要**放得下。

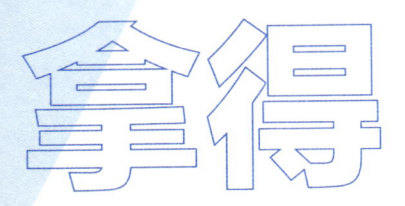

听听老人言

♛ 经一事者长一智。
(每次恋爱都是一种收获,亲身经历过某些事情后,在失败或艰难中汲取教训,避免之后重蹈覆辙,这也是一种成长。)

♛ 好马不吃回头草。
(分手后,再难过也别回头。不合适的人、不完美的故事,就留在身后吧,别让他阻止你向前走!)

♛ 旧的不去,新的不来。
(缘分总是聚了又散,不是你的,强求也无用。勇敢告别过去,重新上路,才能在新的时间遇到新的故事。)

♛ 有福之人不落无福之地。
(分开未必不是一种福气,老天爷也在保佑你去往更好的地方!)

♛ 失之毫厉,差之千里。

（放下不甘心！以为差一点就可以走到最后，实际上差一点就是差很多。）

♛ 一切有为法，如梦幻泡影，
如露亦如电，应作如是观。
◉《金刚经》
（世间的一切事物本就如闪电一般虚幻、短暂，紧握不放只会痛苦，唯有放下，方能解脱。）

♛ 一别两宽，各生欢喜。
◉《赵宗敏谨立休放妻书》
（放过对方，也放过自己。）

♛ 人生若只如初见，何事秋风悲画扇。
◉ 纳兰性德《木兰词·拟古决绝词柬友》
（人心易变，当初再美，也只是当初了。）

♛ 此情可待成追忆，只是当时已惘然。
◉ 李商隐《锦瑟》
（缘分到了尽头，总要各走各的路。）

♛ 两岸猿声啼不住,轻舟已过万重山。
  ◉ 李白《早发白帝城》
  (放下过去,未来永远值得期待!)

♛ 落花风雨更伤春,不如怜取眼前人。
  ◉ 晏殊《浣溪沙·一向年光有限身》
  (与其沉浸在痛苦里,不如珍惜当下的人、当下的故事。)

读读大师的智慧

♛ 请你一定要保持清醒,
不管多么痛苦,多么思念,
爱是祝福而不是霸占,
爱是快乐而不是负担。
◉ 林徽因

♛ 你不能做我的诗,
正如我不能做你的梦。
◉ 胡适《诗与梦》

♛ 在最好的一种情爱里,
一个人希望着一桩新的幸福,
而非希望逃避一件旧的忧伤。
不是为了讲述过去,而是为了创造未来。
◉ 罗素《幸福之路》

♛ 爱情不是时间、离别和失望所能熄灭的。
　　◉ 大仲马

♛ 我们爱的时候对痛苦最不设防。
　　◉ 弗洛伊德

♛ 如果我们觉得我们已错过了春天,
　　那么夏天、秋天和冬天里将会有机会和时间。
　　我祝你在这些日子里幸福,
　　祝福你,也祝福我自己。
　　◉ 帕斯捷尔纳克

♛ 过去都是假的,
　　回忆没有归路,春天总是一去不返,
　　最疯狂执着的爱情也终究是过眼云烟。
　　◉ 马尔克斯《百年孤独》

♛ 能忘的都忘了吧,能记得都不必记得。
　　有些话太久没说,也就懂了。
　　◉《花样年华》

PART 3

害怕和别人
建立亲密关系

母胎 solo 至今,
一直羡慕别人爱情的甜蜜,
却始终不敢开启一段亲密关系。

每当意识到对方想要进一步发展时,
就开始瞻前顾后——
怕对方不好,自己在感情里受伤;
怕对方太好,自己没有能力回馈;

更怕自己没有对方想得那么好,
配不上对方的期待,
甚至,开始害怕爱情。
于是,

为了避免结束,我拒绝了所有开始。

别怕**爱,**也别怕谁**离开。**

听听老人言

♛ 路遥知马力,日久见人心。

(陪伴是最长情的告白。如果真心喜欢一个人,就要经得住时间的考验。一遇到问题就退缩的人,是无法为爱人遮风挡雨的,即便在一起,也不会长久。)

♛ 追求爱情它高飞,逃避爱情它跟随。

(不要以为只要付出了真心,就能够得到爱情。有时候越是过度追求,失去的速度也会越快。别让自己成为一个卑微求爱的人,学会克制自己的感情,虽然爱人,但更要爱自己。)

♛ 好花难种不常开。

(美好的事物总是无法轻易得到的,即使得到了,也难以预料何时会失去。但这并不意味着我们就应该消极对待,相反,正因为爱情难得且易逝,我们更应该勇敢追求,珍惜每一个美好瞬间。)

♛ 光说不练假把式。

（对待感情，要做到论迹不论心。不要只听对方说了什么，而是要看对方做了什么。毕竟好听的话谁都会说，但真心对你好的事情却不是每个人都会做。）

♛ 瓜无滚圆，人无十全。

（没有完美无缺的爱情，爱的真义是包容。）

♛ 上邪！
我欲与君相知，长命无绝衰。
◉《上邪》
（坚定的信念和炽热的激情是爱情上好的强化剂。）

♛ 有以噎死者，欲禁天下之食，悖。
◉《吕氏春秋》
（不要因为害怕爱情的失败就放弃爱情。）

♛ 我见青山多妩媚，料青山见我应如是。
◉ 辛弃疾《贺新郎·甚矣吾衰矣》
（自信点儿，你很优秀，配得上他人的喜欢。）

- 少年乘勇气,百战过乌孙。
  - 许浑《征西旧卒》

  (想要获得爱情,就需要勇气做支撑。如果真的喜欢一个人,那就勇敢向前,别怕失败。)

只愿君心似我心,定不负相思意。

读读大师的智慧

- 逃离爱的打谷场,
  如同走向一个没有季节更替的世界:
  在那里,可以笑,但笑得不尽兴;
  在那里,可以哭,但哭得不痛快。
  - 纪伯伦

- 人只有在恋爱里才能显示个性的闪耀,
  才能发挥独创性。
  - 屠格涅夫

- 人生有两大快乐:
  一是没有得到你心爱的东西,
  于是可以寻求和创造;
  另一个是得到了你心爱的东西,
  于是可以去品味和体验。
  - 弗洛伊德

♛ 即便爱过后失去，也好过从来没爱过。
  ◉ 奥古斯汀

♛ 害怕爱情就是害怕生活，
  而害怕生活的人早已半截入土。
  ◉ 罗素

♛ 我们既渴望爱，
  有时候却又近乎自毁地浪掷手中的爱。
  人的心中好像一直有一片荒芜的夜地，
  留给那个幽暗又寂寞的自我。
  ◉ 弗洛伊德

♛ 爱就是充实了的生命，正如盛满了酒的酒杯。
  ◉ 泰戈尔

♛ 相互的爱，
  毫无保留而至死方休的爱所能产生的幸福，
  确是人类所能得到的最大的幸福了。
  ◉ 莫洛瓦

PART 4

甜甜的恋爱
什么时候轮到我

如果恋爱的话,
想和爱人一起做很多很多有意思的事——

一起画画、做手工;
一起手牵手散步、春游;
一起看日出日落,拍很多好看的照片;
一起养一只可爱的宠物,体验铲屎官的快乐;
一起窝在房间里看看电影,

或者什么也不做,只是紧紧相拥;
一起规划未来的所有小事,
直到一起奔赴未来。
…………
然而,

情头存了好多,还是没人陪我用。

爱你
的
人
迟早
会来。

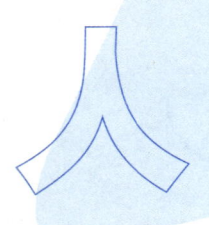

听听老人言

♛ 得之我幸，失之我命。

（遇见了是幸运，遇不见是命运。不要强求爱情，也不要因为错过爱情而感到悲伤，凡事顺其自然就好，永远期待，永远热爱。）

♛ 易求无价宝，难得有情郎。

（真爱无坦途。灵魂伴侣往往比无价之宝更难得到，所以不要着急。等待爱情的时候，也不要忘了丰盈自己，须知想要得到优秀之人的喜爱，首先得让自己变得优秀起来。）

♛ 男追女隔座山，女追男隔层纱。

（世俗认为，在爱情里男生才应该是主动的那一方。可事实上女孩子一样可以主动追求自己想要的幸福。更甚者，一个女生主动追求男生时，成功的概率往往会更大。）

- 千里姻缘一线牵。
  （请相信缘分的力量。）

- 狭路相逢勇者胜。
  （勇敢的人先享受爱情。）

- 有情人终成眷属。
  （爱情不会辜负每一个有心之人。）

- 窈窕淑女，君子好逑。
  - 《关雎》

  （当你足够优秀，想要的一切都会实现，包括爱情。）

- 今夕何夕，见此良人。
  - 《诗经·唐风·绸缪》

  （既然在时间荒野中相遇，那便抓住机会，大胆表达爱意。）

- 金风玉露一相逢，便胜却人间无数。
  - 秦观《鹊桥仙·纤云弄巧》

  （爱总会到来，你要等。）

- 毕竟几人真得鹿,不知终日梦为鱼。
  - 黄庭坚《杂诗七首》
  (爱情是奢侈品,没有也没关系。这世上真正能得到自己想要的东西的又有几人呢?你要做到即使是一个人,也要好好生活,对未来充满期待。)

- 两情若是久长时,又岂在朝朝暮暮。
  - 秦观《鹊桥仙·纤云弄巧》
  (不要害怕异地恋,真正的爱情是经得起长久分离的考验的。只要彼此真诚相爱,即使终年天各一方,也比朝夕相伴的庸俗情趣更可贵。)

- 众里寻他千百度。蓦然回首,那人却在,灯火阑珊处。
  - 辛弃疾《青玉案·元夕》
  (何必一直追求远处的风景?偶尔回过头来,也许会发现,自己想要的其实一直在身边。)

老首知音见采,
不辞遍唱阳春。

读读大师的智慧

- 我寄你的信,总要送往邮局,
  不喜欢放在街边的绿色邮筒中,
  我总疑心那里会慢一点。
  - 鲁迅《两地书》

- 警惕自己内心泛滥的爱,
  孤独的人总会迫不及待地
  向与他人邂逅的人伸出自己的双手。
  - 尼采

- 爱情是一朵生长在绝崖边缘的花,
  要想采摘它必须有勇气。
  - 莎士比亚

- 恋爱不是慈善事业,所以不能慷慨施舍。
  - 萧伯纳

♛ 真实的自由恋爱，并非享乐的恋爱，
　而是人格的恋爱，爱情是两颗灵魂的结合。
　　◉ 苏格拉底

♛ 所谓爱，就是意识到我和另一个人的统一。
　爱的第一个环节，
　就是我不欲成为独立的，孤单的个人；
　爱的第二个环节，
　则是我在另一个人身上找到自己，
　即获得了他人对自己的承认，
　另一个人反过来也是如此。
　　◉ 黑格尔《西方法律思想史》

♛ 只有相爱的人才能真正理解爱情。
　　◉ 列夫·托尔斯泰

♛ 你只能接受，接受事实，
　爱情是稀有的，
　也许它永远不会发生在你身上。
　　◉《百年酒馆》

—— 祝她铮铮，祝她昂扬！

第六劝

生而为女,你当自由

你必须瘦,但不能太瘦;

你必须有钱,但不能张口要钱;

你必须有自己的事业,但不能强过伴侣;

你必须喜欢当妈妈,但不能每天把孩子挂在嘴边;

你永远不能失态、不能自私、不能离经叛道……

即使这一切你都能做到,

也绝对不会有人奖励你或者感谢你。

到底是谁在为女性套上桎梏?

妇好执掌兵权,开创"武丁中兴";

冯嫽三次出任使节,为大汉出使西域;

武则天登上帝位,开创一代女帝传奇;

李清照一词撑遍天下,震惊整个文坛;

…………

历史早已证明,巾帼亦能压须眉,

而今身为后来人,又凭什么不能向前一步?

别去在乎那些争议,

以痛苦、以眼泪、以勇气、以坚韧去呐喊,

直到唤醒心中的狮子,

于群峰之巅俯视一切平庸。

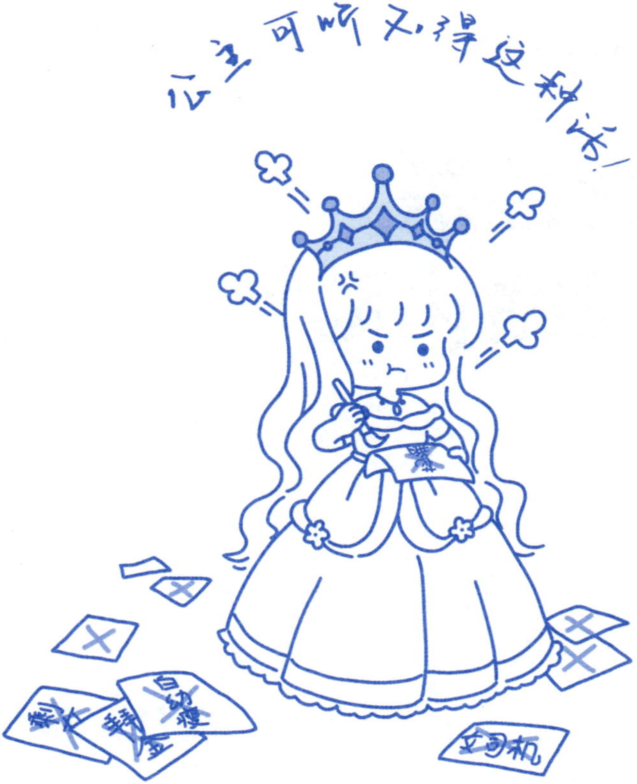
公主可听不得这种话!
剩女
拜金
白幼瘦
女司机

PART 1

女性是
情绪化动物

"女人就是麻烦！"
"情绪化太严重了，根本不知道怎么应付！"
"生理期的女人可能随时引爆，太危险！"
…………

生活中经常听到这种言论，
所有的重点不外乎在说一件事——
女人是情绪化动物。
在这样的偏见之下，
女性在成长过程和职业环境中面临诸多约束。

明明每个人都有情绪，
也都有获得稳定情绪或者丰富情绪的资格，
为什么偏偏要针对女性塑造情绪刻板印象？

"情绪化"真的就那么一无是处、满是伤害吗？

情绪波动不分**性别**,更不分**好坏。**

听听老人言

- 不以物喜,不以己悲。

  (不要因为客观事物的好坏而悲喜,也不要因为个人境遇的好坏而情绪反复。无论面对怎样的情况,失败或是成功,都要保持恒定淡然的心态,来面对生活中的诸多挑战。)

- 堵不如疏。

  (当情绪来临的时候,封杀压制只会让人郁结于心,不仅解决不了问题,还会连累身体。倒不如借机发泄出来,通过正确疏导,让情绪慢慢消解。)

- 哭一哭,解千愁。

  (难过的时候,或者感觉压力太多,无处宣泄的时候,不妨试着哭一哭。当情绪随着泪水排出体外,心情也会变得好起来。)

♛ 有泪尽情流，疾病自然愈。

　　（将情绪一直憋在心里不发泄出来，是会生病的。）

♛ 男儿有泪不轻弹，只是未到伤心处。

　　◉ 李开先《夜奔》

　　（谁说哭是女性的专利？即便是男子汉大丈夫，也是会哭的。）

♛ 菩提本无树，明镜亦非台。
　　佛性常清净，何处惹尘埃？

　　◉ 六祖慧能《菩提偈·其一》

　　（保持内心安宁，世界与我无关。）

♛ 夕阳西下，断肠人在天涯。

　　◉ 马致远《天净沙·秋思》

　　（回不去的故乡，到不了的远方。）

♛ 曾经沧海难为水，除却巫山不是云。

　　◉ 元稹《离思五首·其四》

　　（年少爱而不得的白月光，是谁一生难忘的信仰？）

- 抽刀断水水更流，举杯消愁愁更愁。
  - 李白《宣州谢朓楼饯别校书叔云》
  （情绪上头的时候，李白也 emo。）

- 寻寻觅觅，冷冷清清，凄凄惨惨戚戚。
  - 李清照《声声慢·寻寻觅觅》
  （一个人的时候就是会孤单啊！）

- 人间离别尽堪哭，何况不知何日归。
  - 赵嘏《江上与兄别》
  （聚散有时，离别当哭。）

- 人到愁来无处会，不关情处总伤心。
  - 黄庭坚《和陈君仪读太真外传五首》
  （人的情绪有时候是不受控的。情绪上来的时候，即使面对毫不相关的事物，也会莫名伤心起来。）

心似双丝网，
中有千千结。

读读大师的智慧

- 人类的悲欢并不相通,我只觉得他们吵闹。
  - 鲁迅

- 隐藏的忧伤如熄火之炉,能使心烧成灰烬。
  - 莎士比亚

- 我仍搅着杯子,
  也许漂流久了的心情,
  就和离了岸的海水一般,
  若非遇到大风是不会翻起的。
  - 萧红《初冬》

- 未被表达的情绪从未消亡,
  它们只是被活埋并将以更丑陋的方式卷土重来。
  - 弗洛伊德

♛ 有的人的胸膛上已经沾了太多泪水，
  我不愿意再把我的眼泪撒上去。
  ◉ 毛姆《月亮与六便士》

♛ 情绪是心灵的天气，它能改变一切。
  ◉ 威廉·詹姆斯

♛ 情绪是一种能量，他可以点燃激情，也可以熄灭希望。
  ◉ 苏格拉底

♛ 心脏是一座有两间卧室的房子，
  一间住着痛苦，另一间住着欢乐，
  人不能笑得太响，
  否则笑声会吵醒隔壁房间的痛苦。
  ◉ 卡夫卡

♛ 然而现在，你我之间，
  等待的长短，未知，
  它蜇了我，像一只顽皮的蜜蜂，
  我却无法诉说，这种刺痛。
  ◉ 艾米莉·狄金森《假如你在秋天到来》

PART 2

女孩子读那么多书没有用

"女子无才便是德。"
"学得好不如嫁得好。"
"女孩子读书没用,反正迟早要嫁人。"
"女孩读了大学就不值钱了。"
…………

每每听到类似这般高高在上的指指点点,
总会忍不住血压飙升。
一句轻飘飘的"没用",
就站在世俗价值里,

否定了一个女性为自己的人生
所付出的所有努力,
仿佛她只配周旋于家庭生活。

若读书真无用,
为什么人人都对名校趋之若鹜?
若读书有用,
又为什么偏将无用之论诉诸女性呢?

人生
千难万难,
书里
都是
解药。

听听老人言

- 书中自有黄金屋,书中自有颜如玉。

  (读书不一定是最好的出路,但对普通人而言,读书是唯一可以把控且付出就有回报的机会。凭借读书,你可以获得更广阔的天地,以更开阔的视野去理解和感受世间万物。)

- 夏虫不可语冰。

  (人与人的差异是巨大的,不必和那些与自己眼界不同的人争论,那是他们所无法理解的东西。读书是一个人的修行。)

- 一日读书一日功,一日不读十日空。

  (读书是一个持之以恒的过程,读一天书就有一天的收获,中途放弃就会让之前的努力全部付之东流。人需要的是不断地学习。)

- 吃不到葡萄说葡萄酸。

  （认为读书无用的人，大多自己也没读过多少书。因为不曾从书中获得过成就和乐趣，所以在看到他人读书时便会暗藏嫉妒。不必理会这样的人，只用心做自己的事情就好。）

- 凡有所学，皆成性格。

  （你看的每一本书，都会成为你的养分。）

- 好书即良友，须臾不可丢。

  （好书就像良师益友，对人的影响是巨大的。任何时候都不要放弃读书。）

- 要通古今事，须看五车书。

  （只有广泛阅读，才能深入了解历史和文化，丰富自己的知识和见解。）

- 书到用时方恨少。

  （平时不读书，到了需要的时候就会后悔当初为什么没有多读书。）

- 立身以立学为先，立学以读书为本。
  - 欧阳修《欧阳文忠公文集》

  （读书学习能够提高人的修养，修炼人的品行。）

- 鱼离水则身枯，心离书则神索。
  - 《格言联璧·学问类》

  （没有书籍和知识的滋养，人的精神就会逐渐迷茫、失去方向。）

- 击石乃有火，不击元无烟。
  人学始知道，不学非自然。
  - 孟郊《劝学》

  （知识不会从天上掉下来。一个人想要成功，就必须学习。）

- 滥交朋友，不如终日读书。
  - 《围炉夜话》

  （与其与品行不正的人交往，还不如整天读书来得更好。）

读读大师的智慧

- 书就像一艘船,
  带领我们从狭隘的地方,
  驶向生活的无穷广阔的海洋。
  ◉ 凯勒

- 书籍是全世界的营养品,
  生活里没有书籍,就好像大地没有阳光;
  智慧里没有书籍,就好像鸟儿没有翅膀。
  ◉ 莎士比亚

- 和书籍生活在一起,永远不会叹气。
  ◉ 罗曼·罗兰

- 人之气质,由于天生,本难改变,
  唯读书则可以变化气质。
  ◉ 曾国藩

♛ 世界上任何书籍都不能带给你好运,
但它们能让你悄悄成为你自己。
　◉ 黑塞

♛ 一个喜欢自由而独立阅读的人是最难被征服的,
这才是阅读的真正意义——精神自治。
　◉ 茨威格

♛ 在知识的山峰上登得越高,眼前展现的景色就越壮阔。
　◉ 拉吉舍夫

♛ 心灵中的黑暗必须用知识来驱除。
　◉ 卢克莱修

♛ 读书不是为了雄辩和驳斥,
也不是为了轻信和盲从,
而是为了思考和权衡。
　◉ 培根

♛ 读书是在别人思想的帮助下,建立自己的思想。
　◉ 尼古拉·鲁巴金

PART 3

女生谈钱
就是物质和虚荣

不知道从什么时候开始,
"物质"这个词成了一种行为枷锁——

不敢接受贵重的礼物,
怕被说"拜金";
不敢开口争取工作资源,
怕被说"有野心";
不敢拒绝朋友借钱,
怕被说"唯利是图"……

似乎女生一旦谈钱,
就会变得庸俗可耻,魅力大跌。
但,谈钱就是物质吗?
没有经济基础的爱又能维持多久?

**凭自己的本事安身立命,
难道是一件羞耻的事吗?**

成年人的
体面
有一半
是
钱给的。

听听老人言

- 贫贱夫妻百事哀。

  （钱不是万能的，但没有钱是万万不能的。如果可以，谁都希望过衣食无忧的生活，因为当经济面临窘迫的时候，争吵、烦恼就会随之而来，所以必须拥有足够的钱财来支撑自己的生活。）

- 穷莫失志，富莫癫狂。

  （不要因为贫穷而丧失斗志，也不要因为富有就得意忘形，无论何时都要把握好心态。）

- 君子爱财，取之有道。

  （爱钱并不羞耻，只要不坑害他人，用合乎道德、合乎法律的方法，靠自己的本事获得财富，就没什么不可以。）

♛ 穷在闹市无人问,富在深山有远亲。
（当你风光时,身边处处是好人。）

♛ 财不外露,丑不外扬。
（出门在外时,切记不要暴露财富,防人之心不可无。）

♛ 天下熙熙,皆为利来;天下攘攘,皆为利往。
⊙ 司马迁《史记》
（异乡奔波,为的就是赚取安身立命之本,并以此获得更加富足安稳的生活,所以大大方方赚钱,不用为此感到难以启齿。）

♛ 家有千金,行止由心。
⊙《春秋》
（有钱方能按照自己的心意做事。）

♛ 有钱道真语,无钱语不真。
不信但看筵中酒,杯杯先劝有钱人。
⊙《增广贤文》
（成年人的体面有一半是钱给的。）

♛ 夫钱,

穷者能使通达,富者能使温暖,贫者能使勇悍。

◉《钱神论》

(金钱是成年人最大的底气,它能让你维持有尊严的生活,使自己能够不受阻挠地工作,能够慷慨,能够爽朗,能够独立。)

读读大师的智慧

- 钱比人厉害一些，人若是兽，钱就是兽的胆子。
  - 老舍《月牙儿》

- 说什么都是假的，积蓄点钱要紧。
  - 鲁迅

- 我们手里的钱是保持自由的一种工具。
  - 卢梭

- 金钱是个好士兵，有了它就可以使人勇气百倍。
  - 莎士比亚

- 我年轻的时候以为金钱是世界上最最重要的东西，等我老了才发现果真如此。
  - 王尔德

♛ 物质基础决定心智的自由,因此一定要努力赚钱。
  ◉ 伍尔夫

♛ 女人要有一间属于自己的小屋,
  一笔属于自己的薪金,
  才能真正拥有创作的自由。
  ◉ 伍尔夫

♛ 只有穷困潦倒的老姑娘,才会成为大家的笑柄!
  …………
  一个富有的独身女人从来都受人尊敬,
  可以像任何人一样有理性,一样愉快。
  ◉ 简·奥斯汀《爱玛》

♛ 金钱是被铸造出来的自由。
  ◉ 陀思妥耶夫斯基

♛ 钱,就像一个熨斗,能烫平生活的所有褶皱。
  ◉《寄生虫》

PART 4

不结婚生子
人生就不完整

今日份相亲进度：3/10

自从过了适婚年龄,
被催婚似乎成了生活常态。
每逢佳节,
父母总有千万条的理由花式催婚——

"什么年龄干什么事,你现在就该结婚!"
"女人事业再好,没有家庭也不会幸福!"
"你不结婚生孩子,你的人生就不完整!"
…………

似乎和谁结婚不重要,
婚后幸不幸福不重要,
把婚结了,才最重要!
好奇怪,
为什么一定要走一条被规训过的道路?
一个人的幸福指数一定要靠婚姻来补足吗?

**遵循自己的内心选择生活,
就不算一段完整的人生了吗?**

没有该做的事,只有想做的事。

听听老人言

- 强扭的瓜不甜。

  （婚姻和爱情都需要两相情愿才能成，勉强自己去做不愿意做的事情，不仅得不到好的结果，甚至会因此造成心理压力，变得更加排斥接触爱情和婚姻。）

- 有缘千里来相会，无缘对面不相逢。

  （缘分天定，强求也无用。有缘的人即使相隔千里也会有相遇的时候；没有缘分的人，即便硬凑在一块儿，也只是熟悉的陌生人。）

- 萝卜青菜，各有所爱。

  （人的追求与志趣各不相同，不必在意世俗的看法，强求自己随波逐流，去追逐别人眼中的完美人生。你自有你的路，大胆地往前走。）

♛ 只要嫁得好,不要嫁得早。

(结不结婚,什么年龄结婚,这些从来不重要,自己觉得幸福才是最要紧的。即使一直保持独身,也一样可以拥有美好的人生。)

♛ 恃人不如自恃也。
◉ 刘安《鲁相嗜鱼》
(许多人结婚是为了让自己有所依靠,可是靠人人会跑,靠山山会倒。与其依仗他人,不如依靠自己。)

♛ 命里有时终须有,命里无时莫强求。
◉《增广贤文》
(该来的挡也挡不住,没有的东西强求也无济于事。)

♛ 瓜熟蒂落,水到渠成。
◉《增广贤文》
(客观条件齐备到一定程度时,不必催,事情自然就会有结果。)

- ♛ 别人笑我忒疯癫，我笑他人看不穿。
  - ◉ 唐寅《桃花庵歌》

  （别管世俗的耳语，去看自己喜欢的风景。）

- ♛ 宁作我，岂其卿。
  - ◉ 辛弃疾《鹧鸪天·博山寺作》

  （宁可保持自我的独立人格做好自己，也不随波逐流成全他人。）

- ♛ 知我者谓我心忧，不知我者谓我何求。
  - ◉《王风·黍离》

  （那些不了解你的人又怎么会懂得你内心所求？）

- ♛ 举世皆浊我独清，众人皆醉我独醒。
  - ◉ 屈原《渔夫》

  （任凭他人在红尘世俗翻滚，我自有我的路。）

海阔凭鱼跃，天高任鸟飞。

读读大师的智慧

- 过自己想要的生活不是自私,
  要求别人按自己的意愿生活才是。
  - 王尔德

- 我不准备结婚。
  我现在想变成一个秃顶的小老头,
  坐在一个很考究的书房的大书桌后。
  - 契诃夫

- 好的婚姻仅给你带来幸福,
  不好的婚姻则可使你成为一位哲学家。
  - 王尔德

- 只有哲学家的婚姻才可能幸福,
  而真正的哲学家是不需要结婚的。
  - 叔本华《哲学家语录》

♛ 少女的选择往往十分有限。
只有当她认为自己有不结婚的自由,
才会是真正的自由。
  ◉ 波伏瓦《第二性》

♛ 什么是离婚的主要原因?结婚。
  ◉ 王尔德

♛ 男人结婚是因为疲惫,
女人结婚是因为好奇,
结果双方都大失所望。
  ◉ 王尔德《道林·格雷的画像》

♛ 想结婚的就去结婚,想单身就维持单身,
反正到最后你们都会后悔。
  ◉ 萧伯纳

♛ 你匆匆忙忙地嫁人,就是甘冒成为不幸者的风险。
  ◉ 苏霍姆林斯基